Solares Bauen. Energetische Sanierung eines Bestandsgebäudes

Simon Nikolaus Müller

Bibliografische Information der Deutschen Nationalbibliothek:

Die Deutsche Nationalbibliothek verzeichnet diese Publikation in der Deutschen Nationalbibliografie; detaillierte bibliografische Daten sind im Internet über http://dnb.d-nb.de abrufbar.

ISBN: 9783346773616
Dieses Buch ist auch als E-Book erhältlich.

Das Buch bei GRIN: https://www.grin.com/document/1282061

Technische Hochschule Ingolstadt

Fakultät Maschinenbau

Bachelorstudiengang der *Energietechnik und Erneuerbaren Energien*

Energieberatungsbericht anhand eines Bestands-gebäudes

Seminararbeit im Fach Solares Bauen und Solarkraftwerke

erstellt durch

Simon Müller

Abgabetermin: 25. Juni 2020

Inhaltsverzeichnis

Abbildungsverzeichnis II

Tabellenverzeichnis II

1 Einleitung 1

2 Hauptteil – Energieberatungsbericht anhand eines Bestandsgebäudes 2

   2.1 Bestandsaufnahme – Ist-Zustand 2

      2.1.1 Allgemeine Gebäudedaten 2

      2.1.2 Zonen 2

      2.1.3 Gebäudehülle 3

      2.1.4 Anlagentechnik 6

   2.2 BKI-Ergebnisanalyse und EnEV-Sanierung 7

      2.2.1 Ergebnisübersicht 7

      2.2.2 Abgleich mit Realdaten 8

      2.2.3 EnEV-Sanierung 8

   2.4 Variante 4: Sanierung zu KfW-Effizienzhaus 14

      2.4.1 Luftwärmepumpe und Komplettdämmung 14

      2.4.2 Wirtschaftlichkeitsbetrachtung 15

   2.5 Individueller Sanierungsfahrplan 18

3 Fazit 19

Literaturverzeichnis III

**Aus urheberrechtlichen Gründen wurden einige Abbildungen sowie der Anhang
aus dieser Arbeit entfernt**

Abbildungsverzeichnis

Abbildung 1 - Größen des Bodenplattenmaßes 2
Abbildung 2 - Werte für Bodenplattenmaß 3
Abbildung 3 - H_t' des unsanierten Gebäudes 5
Abbildung 4 - qp-Wert für Bestandsgebäude 7
Abbildung 5 - Endenergiebedarf und Primärenergiebedarf 7

Tabellenverzeichnis

Tabelle 1 - Allgemeine Gebäudedaten 2
Tabelle 2 - Fensterwerte 5
Tabelle 3 - Verteilung TW-Strang 6
Tabelle 4 - Speicher TW-Strang 6
Tabelle 5 - Erzeugung TW-Strang 6
Tabelle 6 - Übergabe Heizstrang 7
Tabelle 7 - Verteilung Heizstrang 7
Tabelle 8 - Erzeugung Heizstrang 7
Tabelle 9 - Bauteilwerte Variante 1 10
Tabelle 10 - EnEV-Kriterien Variante 10
Tabelle 11 - Kostenaufstellung Kellerinnendämmung 10
Tabelle 12 - Grundwerte zur Annuitätenberechnung 11
Tabelle 13 - Annuitäten Variante 1 11
Tabelle 14 - Bauteilwerte Variante 2 12
Tabelle 15 - EnEV-Kriterien Variante 2 12
Tabelle 16 - Kostenschätzung Fassadendämmung 12
Tabelle 17 - Annuitäten Variante 2 12
Tabelle 18 - EnEV-Kriterien Variante 3 13
Tabelle 19 - KfW-Effizienzstandards 14
Tabelle 20 - KfW-Kriterien Variante 4 14
Tabelle 21 - Liste der Formelzeichen 15
Tabelle 22 - Aufführung der kapitalgebundenen Kosten Variante 5 16
Tabelle 23 - Simulationsergebnisse PVSol premium 2020 16
Tabelle 24 - Stromkostenprofil nach Szenario (Angaben in ct/kWh) 17
Tabelle 25 - Aufführung der bedarfsgebundene Kosten Variante 5 18
Tabelle 26 - Aufführung der Gesamtannuitäten Variante 5 18

1 Einleitung

Im Rahmen dieser Studienarbeit wurde ein Energieberatungsbericht anhand eines bestehenden Reihenmittelhauses aus dem Baujahr 2001 ███████████████ in Oberbayern erarbeitet. Ziel der Arbeit ist die Analyse und die anschließende Entwicklung eines Sanierungsfahrplans für das Gebäude, durch den im ersten Schritt eine Einhaltung der EnEV-Grenzwerte für sanierte Objekte (*EnEV + 40%*) erreicht werden soll. In weiteren Schritten sollen zusätzliche Optimierungspotentiale hinsichtlich ihrer energetischen Wirksamkeit analysiert und auf ihre Wirtschaftlichkeit überprüft werden.

Zu Beginn der Arbeit erfolgt eine Bestandsaufnahme des zu sanierenden Objekts, aus der **dann mit Hilfe des „BKI-Energieplaner 2019" ein Ist**-Zustand abgeleitet werden kann, der Aufschluss über das Gebäude im Vergleich zu geltenden EnEV-Werten liefert. Hauptaugenmerk liegt hier auf der Gebäudehülle und der verbauten Anlagentechnik.
Daran anschließend und aufbauend auf dieser Datengrundlage erfolgt eine Variantenbildung, bei der verschiedene Sanierungsszenarien für das Gebäude simuliert werden können. Die Logik, die hier verfolgt wird, ist, dass zuerst einzelne Maßnahmen für sich bewertet werden und dann in weiteren Varianten zu Maßnahmenpaketen gebündelt werden, durch die die Energiebilanz des Gebäudes so weit verbessert wird, dass die EnEV-Grenzwerte erreicht werden. Wichtig ist, sich hier ins Gedächtnis zu rufen, dass es sich bei diesen Grenzwerten nicht um eine oberste Maxime handelt, sondern um einen Richtwert, der in diesem Fall die verbesserte Energiebilanz des Gebäudes quantifizierbar macht. Unter diesem Augenmerk ist es wenig verwunderlich, dass auch nach dem Erreichen der minimalen Grenzwerte eine weitere Betrachtung der thermischen Optimierungspotentiale des Hauses erfolgt, um gegebenenfalls höhere Effizienzstandards, wie zum Beispiel den eines KfW-Effizienzhauses, zu erfüllen. Während sich der erste Abschnitt eher mit der Verbesserung der thermischen Hülle und der Minimierung der Energieverluste beschäftigt, bietet sich hier die Möglichkeit auch Umstellungen im Bereich der Anlagentechnik zu betrachten. Diese bilden einen weiteren großen Hebel bei der Verbesserung der Energiebilanz des Gebäudes.

Nachdem die ersten Abschnitte sich ausgiebig der Energieeinsparung gewidmet haben, soll abschließend noch die Energiekosteneinsparung betrachtet werden, beziehungsweise eine Wirtschaftlichkeitsbetrachtung, die sich auch mit verschiedenen Förderungen der KfW und der BAFA befasst. Gepaart mit einer detaillierten Auseinandersetzung zur praktischen Umsetzung einzelner Sanierungsmaßnahmen, soll dieser Abschluss der weniger theoretischen Seite der thermischen Gebäudesanierung gerecht werden.

Abschließend ist an dieser Stelle noch zu sagen, dass dieser Energieberatungsbericht zwar als Planungsunterlage und auch zur Analyse des Ist-Zustandes des Gebäudes dienen kann, er jedoch keine detaillierte Ausplanung einzelner Maßnahmen durch einen Experten ersetzt, insbesondere bei Bereichen, in denen von gesteigerten Investitionskosten ausgegangen wird.

2 Hauptteil – Energieberatungsbericht anhand eines Bestandsgebäudes

2.1 Bestandsaufnahme – Ist-Zustand

2.1.1 Allgemeine Gebäudedaten

Bei dem zu untersuchenden Gebäude handelt es sich um ein 2001 errichtetes, privat genutztes Reihenmittelhaus. Die untenstehende Tabelle zeigt weitere allgemeine Daten zum Gebäude, gefolgt von weiteren Informationen, die im Hinblick auf die energetische Simulation des Hauses von Interesse sind.

Nutzung	Wohngebäude
Gebäudetyp	Reihenmittelhaus
Lage	███████ Oberbayern
Baujahr	2001
Bauweise	Satteldach mit 25° Neigung in Südost/Nordwest
Vollgeschosse	2
Geschosshöhe	2,8 m
Gebäudenutzfläche	262,7 m²

Tabelle 1 - Allgemeine Gebäudedaten

Die oben aufgeführte geografische Lage der Immobilie wird im Planungsprogramm durch das auswählen der *Klimaregion A* in den Berechnungen berücksichtigt. Darüber hinaus wird die Angabe von vier beheizten Geschossen zur Abschätzung von Standardrohrlängen der Heizanlage benötigt. **Der Massivbaucharakter des Gebäudes wird durch die Auswahl „schweres Gebäude"** registriert und ist ausschlaggebende für die Wärmekapazität, die damit als $c_{wirk} = 50$ Wh/m³K angenommen wird. Des Weiteren ist zu bemerken, dass die aktuell verbaute Heizungsanlage aus dem Jahr 2011 stammt. Dies ist der Fall, da die alte Anlagentechnik aufgrund mehrerer technischen Mängel vorzeitig ausgetauscht werden musste[1]. Unabhängig davon befindet sich das Gebäude in guten Zustand und wird zumeist von zwei, beziehungsweise vier Personen bewohnt.

2.1.2 Zonen

Ein erster Schritt bei der Definition des Gebäudes für die Eingabe im BKI-Energieplaner ist das Bestimmen der beheizten Zone, beziehungsweise das Festlegen der Systemgrenzen. Dazu müssen zum einen Bruttovolumen der beheizten Zone V_e bestimmt werden und zum anderen das charakteristische Bodenplattenmaß B'. Im Folgenden soll nur auf zweiteres genauer eingegangen werden. Im Gegensatz zum beheizten Bruttovolumen, das sich durch einfach geometrische Berechnungen bestimmen lässt, handelt es sich bei der Berechnung des Bodenplattenmaßes um einen Sonderfall, da der Keller des Gebäudes nur teilbeheizt ist. Abbildung 1 zeigt wie die benötigten Umfänge und Flächen in diesem Fall bestimmt werden. Rot gekennzeichnet

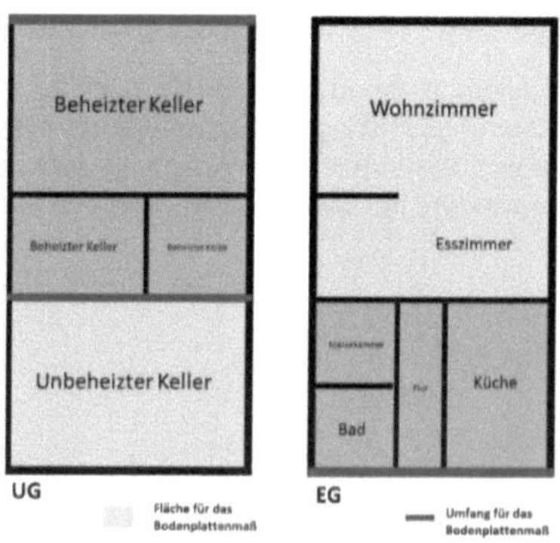

Abbildung 1 - Größen des Bodenplattenmaßes

---

[1] Mehr unter 2.1.4 Anlagentechnik.

sind dabei die Bereiche, die für die Berechnung berücksichtigt werden. Die roten Linien markieren alle Umfangslängen, die sich an der Systemgrenze befinden. Da es sich bei dem Gebäude um ein Reihenmittelhaus handelt, sind an den rechten und linken Wänden keine Längen zu finden, die als Umfang berücksichtigt werden müssten. Ähnlich verhält es sich bei der rot

markierten Fläche im Erdgeschoss. Sie markiert den thermisch aktiven Anteil der Kellerdecke und grenzt nur am unteren Ende der Abbildung an die Außenluft.[2] Tabelle 2 zeigt die unter Außenmaßbezug ermittelten Werte, die durch die Formel $B' = \dfrac{A}{0,5 \times U}$ zu einem charakteristischen Bodenplattenmaß von 7,99 m führen.

Fläche der Kellerdecke/Bodenplatte **A** [m²]	28,99/50,38
Umfang der Kellerdecke/Bodenplatte zu unbeheizt **U** [m]	6,62/13,24
Bodenplattenmaß **B'** [m]	7,99

Abbildung 2 - Werte für Bodenplattenmaß

2.1.3 Gebäudehülle

Der folgende Abschnitt widmet sich der Gebäudehülle. Durch die Zuordnung verschiedener Flächen des Hauses mit den zugehörigen Bauteilaufbauten, durch die der Wärmedurchgangskoeffizient bestimmt wird, ist es möglich den spezifischen Transmissionswärmeverlust Ht' zu bestimmen.

2.1.3.1 Wände

Im ersten Schritt war es nötig die verschiedenen am Haus bestehenden Wandaufbauten im BKI-Energieplaner nachzustellen. Die benötigten Schichtdicken und Baustoffe konnten dabei den Bauunterlagen entnommen werden. Abweichend von einzelnen Angaben in den Bauunterlagen wurden jedoch nur thermisch aktive Schichten berücksichtigt. Die zum Beispiel in den Bauunterlagen aufgeführten Ziegel auf dem Dach, wurden aufgrund Ihrer Hinterlüftung nicht mit aufgenommen. Die nachfolgende Aufführung zeigt die verschiedenen definierten Wandtypen mit errechnetem U-Wert.

1. BODENPLATTE (U = 0,48 W/m²K)

SCHICHT NR.	Baustoffe (von innen nach außen)	Dicke [cm]
1	Estrichbeton	6
2	Faserdämmstoff	6
3	Beton	20

2. KELLERAUßENWAND (U = 0,44 W/m²K)

SCHICHT NR.	Baustoffe (von innen nach außen)	Dicke [cm]
1	Innenputz	1,5
2	Porenbeton	30

3. KELLERINNENWAND (U = 0,48 W/m²K)

SCHICHT NR.	Baustoffe (von innen nach außen)	Dicke [cm]
1	Innenputz	1,5
2	Porenbeton	25
3	Innenputz	1,5

---

[2] Vgl. ZUB-Systems GmbH, 2019.

4. KELLERDECKE

(U = 1,83 W/m²K)

SCHICHT NR.	Baustoffe (von innen nach außen)	Dicke [cm]
1	Estrichbeton	6
2	Beton	20
3	Innenputz	1

5. AUßENWAND

(U = 0,43 W/m²K)

SCHICHT NR.	Baustoffe (von innen nach außen)	Dicke [cm]
1	Innenputz	1,5
2	Porenbeton	30

6. DACH

(U = 0,26 W/m²K)

SCHICHT NR.	Baustoffe (von innen nach außen)	Dicke [cm]	Breite [cm]	Abstand [cm]
1	Rigips	1		
2	Faserdämmstoff	16	59	
	Fichte		6	65

7. HAUSEINGANGSTÜRE

(U = 1,69 W/m²K)

SCHICHT NR.	Baustoffe (von innen nach außen)	Dicke [cm]
1	Fichte	5,5

8. KELLERTÜRE

(U = 1,89 W/m²K)

SCHICHT NR.	Baustoffe (von innen nach außen)	Dicke [cm]
1	Fichte	3,5

Die in den Baudokumenten angegebenen Werte für die Türen, konnten nicht übernommen werde, da sich die tatsächlichen Türen von diesen unterscheiden. Im BKI-Planer konnten jedoch für beide Türen U-Werte durch die Angabe des Baustoffs und dessen Dicke angenähert werden.

Anschließend wurden die Bauteilflächen – Außenwand, Dach, Außenwand im Erdreich, Innenwand und Bodenplatte – ermittelt und mit den entsprechenden Bauteilaufbauten verknüpft. Die meisten Maße konnten aus den Bauplänen abgeleitet werden und an einzelnen Stellen durch Messungen am Gebäude verifiziert oder angepasst werden. Geometrische Vereinfachungen, wie zum Beispiel das Übermessen opaker Vorsprünge mit einer Maximallänge von 0,5 Metern, **wurden bezugnehmend auf die „Bekanntmachung der Regeln zur Datenaufnahme und Datenverwendung im Wohngebäudebestand" angenommen und genutzt**[4]. Generell wurde jedoch darauf geachtet, dass eine Maßtoleranz von 3% nicht überschritten wird. Neben der reinen Zuordnung der Flächen erfolgte in diesem Schritt auch die Ausrichtung der Wandflächen und das Einstellen der Neigung im Fall des Dachs.

---

[4] Vgl. Bundesministerium für Wirtschaft und Energie, 2015, S.6

2.1.3.2 Fenster

Generell sind am Gebäude drei verschiedene Fenstertypen verbaut. Die Werte für die Fassadenfenster mit Holzrahmen und die Kellerfenster mit Kunststoffrahmen konnten den Bauunterlagen entnommen werden. Die Werte für die Dachfenster konnten beim Hersteller recherchiert werden.

FENSTERTYP	Verglasung	g-Wert	U-Wert [W/m²K]
1. Dachfenster	2-fach	0,58	1,60
2. Fassadenfenster	2-fach	0,58	1,30
3. Kellerfenster	2-fach	0,58	1,30

Tabelle 2 - Fensterwerte

Die benötigten Größen der Fenster waren in den Bauunterlagen nicht vermerkt und mussten aus diesem Grund nachgemessen werden. Weil es sich bei den Maßen im verbauten Zustand offensichtlich nicht um Rohbaumaße handelt, wurde für jede Seite ein Zuschlag von 15 mm berücksichtigt.

Die anschließende Zuordnung der Fenster zu den zuvor erstellten Hausflächen erfolgte problemlos. Alleinig die Verknüpfung der Kellerfenster gestaltete sich als komplexer. Eine einfache Zuordnung zur Kelleraußenwand war nicht möglich, da diese als äußere Zone definitionsgemäß Erdreich hat. Durch die Lichtschächte an den Kellerfenstern wäre es auch zu einer groben Verfälschung zum Wärmeübergang an den Kellerfenstern gekommen, wäre einfach die äußere Zone der Kelleraußenwand übernommen worden. Aus diesem Grund wurde eine weitere Wand in Größe der verbauten Kellerfenster mit nördlicher Ausrichtung [5]definiert. Diese wurde von der Fläche der Kelleraußenwand abgezogen und anschließend mit den Kellerfenstern verknüpft.

2.1.3.3 Vergleich mit EnEV-Grenzwerten zu Ht'

Die unter 2.1.3.1 und 2.1.3.2 erfolgten Schritte bilden die Basis zur Ermittlung von H_t' und ermöglichen nun durch die erfolgte Eingabe aller Werte die Berechnung dieser Zielgröße.

Um dem BKI-Energieplaner neben dem ermittelten Wert auch einen entsprechenden Referenzwert entnehmen zu können wurde bei den Berechnungsmethoden eingestellt, dass ein „Energieausweis als öffentlich-rechtlicher Nachweis nach §16 Abs. 1 EnEV" nach dem Monatsbilanzverfahren erstellt werden soll. Zusätzlich wurde der Haken für „Sanierung/Umbau eines Bestandsgebäudes" gesetzt, um den passenden Referenzwert (EnEV +40%) zu erhalten. Des Weiteren ist zu berücksichtigen, dass in der Berechnung zu diesem Zeitpunkt ein pauschaler Wärmebrückenzuschlag von 0,1 W/m²K angesetzt wird. Da es sich dabei um keinen auf das Gebäude abgestimmten Wert handelt, ist er natürlicherweise überdurchschnittlicher hoch angesetzt. Eine differenzierte Betrachtung der Wärmebrücken ist zwar generell möglich, im Rahmen dieser Arbeit jedoch nicht angedacht. Abweichungen zwischen realem und simuliertem Energiebedarf, die sich durch diesen Sachverhalt möglicherweise vergrößern, werden berücksichtigt.

Das nebenstehende Bild zeigt nun den berechneten Wert von 0,599 W/m²K für H_t' für das Bestandsgebäude. Damit unterschreitet das Gebäude den durch die EnEV festgesetzten Referenzwert um 34,3% und erfüllt somit

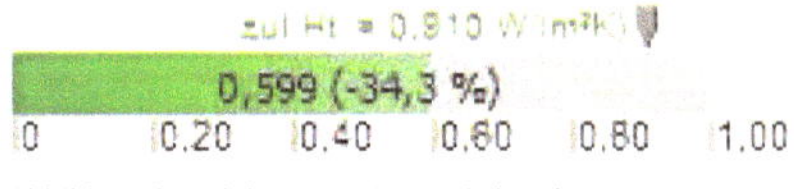

Abbildung 3 - Hₜ' des unsanierten Gebäudes

das Kriterium für Bestandsgebäude. Beim Zustandekommen des Referenzwerts ist zu berücksichtigen, dass es sich dabei um einen Grenzwert für sanierte Bestandsgebäude handelt und er deshalb mit einem Zuschlag von 40% gegenüber des EnEV-Grenzwerts für Neubauten angesetzt wird.

---

[5] Nur relevant bei detaillierter Berechnung der solaren Gewinne

2.1.4 Anlagentechnik

Zur Eingabe und Dimensionierung der gesamten Anlagentechnik wurde hier erstmalig der programmeigene Eingabeassistent verwendet. Angaben zur Erzeugereinheit des Heiz- und Trinkwasserstrangs, die wie zu Beginn erwähnt 2011 ersetzt wurde, oder, dass das Gebäude über keine Lüftungsanlage verfügt, konnten hier vermerkt werden und wurden anschließend automatisch in ein Berechnungsschema überführt.

2.1.4.1 Trinkwasser-Bereitung

Beim Trinkwasserstrang des Gebäudes handelt es sich um ein monovalentes System, dessen Wärme also nur durch einen Erzeuger, einen mit Erdgas betriebenen Brennwertkessel mit einer Nennleistung von 20 kW, zu 100% gedeckt wird. Dieser Kessel ist auch gleichzeitig der Erzeuger im Heizsystem. Die Verteilung erfolgt demnach zentral und ist ohne Zirkulation ausgeführt. Des Weiteren verfügt der TW-Strang über einen 255 Liter großen indirekt beheizten Trinkwasserspeicher, der sich wie die Verteilung innerhalb der thermischen Hülle befindet. Für die Berechnungen wurde der Pauschalwert für Wärme zur Trinkwassererwärmung von 12,5 kWh/m²a angenommen. Aufgrund der dürftigen Datenlage wurden sowohl für die Leitungslängen als auch für die Dämmung der Rohre Standardwerte angenommen. Die nachfolgende Aufführung zeigt eine Übersicht der verwendeten Daten zur Berechnung des Trinkwasserstrangs.

VERTEILUNG: ZENTRALES TRINKWASSERROHRNETZ

Länge der Verteiler-Leitungen L_V	15,5 m*[6]
Länge der Strang-Leitungen L_S	9,3 m*
Länge der Stich-Leitungen L_{SL}	18,6 m*
längenspezifischer Wärmedurchgangskoeffizient U der Leitungen	0,20 W/mK*
Pumpenleistung der Zirkulationspumpe P_{Pumpe}	9W

Tabelle 3 - Verteilung TW-Strang

SPEICHERUNG: INDIREKT BEHEIZTER TW-SPEICHER

Bereitschaftswärmeverlust des Speichers $q_{B,s}$	2,24 kWh/d*
Speicher-Nenninhalt $V_{Speicher}$	255 l
Pumpenleistung P_{Pumpe}	59 W*
Laufzeit der Pumpe t_p	248,7 h/a*

Tabelle 4 - Speicher TW-Strang

ERZEUGUNG: BRENNWERT-HEIZKESSEL VERBESSERT

Energieträger	Flüssiggas
Wirkungsgrad	0,95
Nennwärmeleistung Q_n	20 kW
Bereitschaftswärmeverluste bei 70 °C $q_{B,70}$	0,013 *
Elektr. Leistungsaufnahme des Kessels bei 100%-Vollast P_{HE}	0,190 kW*

Tabelle 5 - Erzeugung TW-Strang

2.1.4.2 Heizung

Die Wärmeübergabe im Gebäude erfolgt über eine Fußbodenheizung mit elektronischer Regeleinrichtung. Durch die große Fläche, über die die Wärmeabgabe erfolgt, sind die Vor- und Rücklauftemperatur des Systems auf einem niedrigen Temperaturniveau und werden mit 35 bzw. 28 °C angesetzt. Wie beim Trinkwasser-Strang erfolgt die Verteilung zentral durch eine geregelte Pumpe. Gedeckt wird der Wärmebedarf zu 100% durch den verbauten

---

[6] Alle mit (*) gekennzeichneten Werte wurden gemäß DIN V 4701-10:2003-08 Abs. 5 i.V.m. Randbedingungen des Tabellenverfahrens nach Anlage C bestimmt.

Brennwertkessel. Die Aufführung unten zeigt eine Übersicht der wichtigen Daten zur Berechnung des Heizungsstrangs.

ÜBERGABE: FUSSBODENHEIZUNG

Wasserheizung - integrierte Heizflächen - elektronische Regeleinrichtung ohne Optimierungsfunktion Heizkreis-Auslegungstemperatur	35/28 °C

Tabelle 6 - Übergabe Heizstrang

VERTEILUNG: ZENTRALES HEIZUNGSROHRNETZ

Länge der Verteiler-Leitungen L_V	33,7 m*
Länge der Strang-Leitungen L_S	18,6 m*
Länge der Anbinde-Leitungen L_A	136,1 m*
längenspezifischer Wärmedurchgangskoeffizient U der Leitungen	0,255 W/mK*
Pumpenleistung der Umwälzpumpe P_{Pumpe}	117,1 W*

Tabelle 7 - Verteilung Heizstrang

ERZEUGUNG: BRENNWERT-HEIZKESSEL, VERBESSERT

Energieträger	Flüssiggas
Wirkungsgrad des Kessels bei 30% Teillast	1,04 *
Nennwärmeleistung Q_n	20 kW
Bereitschaftswärmeverluste bei 70 °C $q_{B,70}$	0,013 *
Elektr. Leistungsaufnahme des Kessels bei 30%-Vollast P_{HE}	0,063 kW*

Tabelle 8 - Erzeugung Heizstrang

2.2 BKI-Ergebnisanalyse und EnEV-Sanierung

Nachdem auch die Anlagentechnik vollständig eingeben ist, kann eine Berechnung des Energiebedarfs des Gebäudes erfolgen. Die Ermittlung durch den BKI-Planer erfolgt sehr detailliert und zeigt beispielsweise Endenergiebedarfe für Heiz- und Trinkwasserstrang oder benötigte elektrische Hilfsenergie getrennt voneinander an. Zu diesem Zeitpunkt und in Bezug auf eine EnEV-konforme Sanierung ist und bleibt jedoch der Primärenergiebedarf, neben dem bereits zuvor analysiertem Wert für Transmissionswärmeverluste (H_t'), **das zu betrachtende Kriterium.**

2.2.1 Ergebnisübersicht

Für den aktuellen Gebäudezustand bestimmt der BKI-Planer den Primärenergiebedarf mit 21.021 kWh/a. Geteilt durch die Gebäudenutzfläche A_n von 247,4 m², die sich gemäß EnEV aus dem beheizten Gebäudevolumen berechnet, ergibt sich

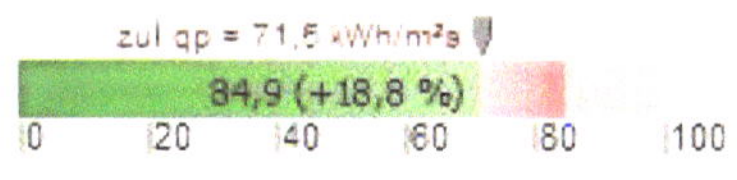

Abbildung 4 - qp-Wert für Bestandsgebäude

ein flächenspezifischer Primärenergiebedarf von 84,9 kWh/m²a. Der zulässige EnEV-Grenzwert von 71,5 kWh/m²a, der sich aus dem Limit für Neubauten von 51,1 kWh/m²a und einem 40%-Zuschlag ergibt, wird dabei um 18,8% überschritten und ist somit nicht erfüllt.

Unabhängig von den gebäudespezifischen Schwellenwerten bietet der Energieplaner auch eine Übersicht zur Einordnung der Immobilie in Effizienzklassen, ähnlichen den Effizienzlabeln

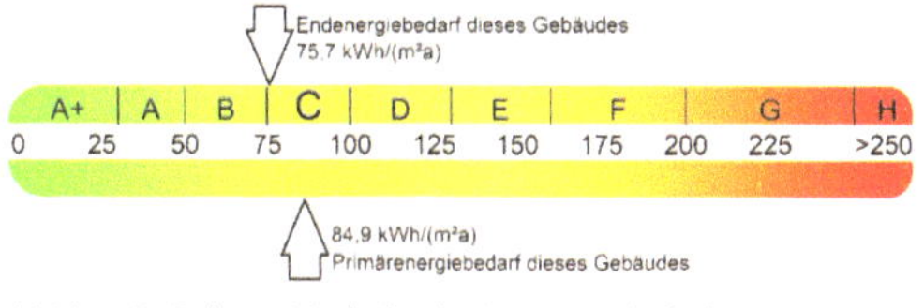

Abbildung 5 - Endenergiebedarf und Primärenergiebedarf

für Elektrogeräte. Wie in Abbildung 5 zu erkennen, liegt sowohl End- als auch Primärenergiebedarf - entsprechend dem Baujahr des Gebäudes – im Bereich relativ niedriger Verbräuche. Interessanter als die reine Darstellung für sich dürfte der Vergleich mit ähnlichen Grafiken nach den durchgeführten Sanierungsmaßnahmen sein. Was sich allerdings schon ablesen lässt, ist, dass die reine Erfüllung des EnEV-Kriteriums bei einem so neuen Gebäude keine Maßgabe sein kann. Die Auswahl des zu erreichenden KfW-Effizienzhaus-Standards und die entsprechenden Sanierungsmaßnahmen werden in den folgenden Kapiteln erläutert.

2.2.2 Abgleich mit Realdaten

Um die Güte des Simulationsergebnisses bewerten zu können, ist der Vergleich mit den realen Verbrauchsdaten des Gebäudes hilfreich. Das nebenstehende Diagramm zeigt den Stand des Gaszählers des Hauses über die letzten sieben Jahre. Aus der Steigung der zugehörigen Trendlinie lässt sich ein durchschnittlicher jährlicher Verbrauch von 504 m³ Propan ermitteln. Multipliziert man dieses Volumen mit dem für Propan spezifischen Brennwert von 28,1 kWh/m³ [8]ergibt sich daraus eine Energiemenge von ungefähr 14.160 kWh/a. Dieser Wert entspricht dem gesamten Heizenergiebedarf des Gebäudes. Im BKI-Planer findet man unter der Auflistung der Jahres-Bedarfsgrößen die Werte für den Heizenergiebedarf für Raumwärme

Diese Abbildung wurde entfernt

(12.992 kWh/a) und für Trinkwasser (5.139 kWh/a)[9]. Vergleicht man nun beide Werte miteinander zeigt sich, dass der tatsächliche Wert knapp 22% unterhalb des simulierte Gesamtheizenergiebedarfs (18.131 kWh/a) liegt. Um später die tatsächlichen Auswirkungen verschiedener Sanierungsmaßnahmen trotzdem so genau wie möglich berechnen zu können, folgt die Ermittlung des einheitslosen Korrekturfaktors k. Er setzt simulierte und reale Werte in einen Bezug zueinander.

$$Korrekturfaktor\ k = \frac{realer\ Heizenergiebedarf}{simulierter\ Heizenergiebedarf} = \frac{14.160\ kWh/a}{18.131\ kWh/a} = 0{,}78$$

Als Zwischenfazit für die Simulation lässt sich jedoch festhalten, dass die Differenz zwischen den Werten gering genug erscheint, um grobe oder systematische Fehler bei der Dateneingabe auszuschließen. Ein Großteil der trotzdem auftretenden Abweichungen kann beispielsweise durch den pauschalen Wärmebrückenzuschlag, den Standardwert für die Trinkwassererwärmung oder sich in sonstiger Weise von der Norm abweichendem Nutzerverhalten erklärt werden.

2.2.3 EnEV-Sanierung

Im ersten Schritt der Sanierung soll nun das Einhalten der EnEV-Grenzwerte erreicht werden. Die Simulation verschiedener Maßnahmen ist durch die sogenannte Variantenbildung im BKI-Planer möglich. Dabei bleibt das Bestandsgebäude weiterhin als Datenbasis erhalten und wird nur an der gewünschten Stelle, an der auch die Sanierungsmaßnahme ansetzt, verändert. Dadurch ist ein direkter Vergleich, beziehungsweise ein Aufzeigen der Auswirkung einer Umbaumaßnahme auf H_t' und den Primärenergiebedarf möglich.

---

[8] Vgl. Kurzweil, 2018, S.128.
[9] Siehe Anlage 5.1.2

Die Bandbreite an möglichen Veränderun-
gen am Gebäude ist dabei mannigfal-
tig/vielgestaltig. Als sinnvoll erscheinen zu
diesem Zeitpunkt mit Gewissheit Dämmmaßnahmen[10]. Diese sind verhältnismäßig
einfach durchzuführen und bewirken eine
Senkung der spezifischen Transmissionswärmeverluste, was sich wiederum positiv
auf den Primärenergiebedarf der Immobilie
auswirkt. Aufschluss darüber bei welchen
Bauteilen eine Dämmung effektiv, mit
an-deren Worten sinnvoll, wäre.

Dort sind die absoluten Transmissionswärmeverluste verschiedener Bauteile
aufgeführt. Die Absolutwerte zu betrachten
ist insofern sinnvoll, da sie die Gesamtaus-
wirkung auf das Gebäude aufzeigen.

Diese Abbildung wurde entfernt

Würde man hingegen auf Grundlage der spezifischen Transmissionswärmeverluste
Dämmmaßnahmen einleiten, könnte es beispiels-weise sein, dass man ein altes Fenster mit
hohem Wärmeübergangskoeffizienten austauscht, eine deutliche Verbesserung hinsichtlich
der spezifischen Transmissionswärmeverluste bei diesem Bauteil sieht, sich die
Wärmeverluste des Gebäudes dadurch jedoch nicht wirklich verschieben, da das Fenster
nur einen geringen Anteil an der gesamten Hüllfläche ausmacht. In der Realität kann man
eine Vermischung beider Aspekte beobachten. Die meisten Trans-missionswärmeverluste
erfolgen laut BKI-Energieplaner über die Kellerdecke, ein Bauteil mit großem Anteil an der
Hüllfläche und schlechtem Wärmeübergangskoeffizienten. Gefolgt wird die Kellerdecke von
Nord- und Südwand, die zusammen die Fassade bilden. Gut zu erkennen ist, dass die
Verluste über großflächige Bauteile, wie die Dachflächen, aufgrund ihrer Däm-mung
deutlich geringer ausfallen als die über die auf eins geführte Kellerdecke. Darüber hin-aus
lässt sich ableiten, dass ein Austausch der Fenster neben seinem von vornherein schwie-
rigem wirtschaftlichen Standpunkt, wenig energetisches Einsparpotenzial bietet.

2.2.3.1 Variante 1: Kellerinnendämmung

2.2.3.1.1 Maßnahmenanalyse

Aufgrund der zuvor erläuterten Gegebenheiten, soll nun als erstes eine Dämmung des Kellers
erfolgen. Da die Dämmung der Kellerdecke sowieso von innen erfolgt, bietet es sich an im
gleichen Zug auch die Kellerinnenwand mit zu sanieren. Bei der Dämmung der Decke ist die
verbleibende Raumhöhe zu beachten. Wird der von unten angebrachte Dämmaufbau zu dick,
so wird die Benutzung der unbeheizten Kellerräume beeinträchtigt. Die maximal mögliche
Dämmdicke beim Keller des Bestandsgebäudes liegt bei 80 mm. Weil vermutlich nur einmal
nachgedämmt wird, bietet es sich an dieses Potential auszuschöpfen.

Als Material wurden Holzfaserdämmplatten[11] aufgrund ihrer ökologischen Überlegenheit gegenüber beispielsweise expandiertem Polystyrolschaum (EPS)[12] ausgewählt. Die im Baustoff
Atlas angeführten ökologischen Kriterien reichen dabei vom nicht erneuerbaren Primärenergiebedarf [MJ/kg] zur Herstellung der Dämmstoffe bis zum materialspezifischen Treibhausef-
fekt [kg CO_2 eq/kg]. Speziell bei Sanierungsmaßnahmen, die das Ziel haben Primärenergie
einzusparen, sollten diese Aspekte nicht vernachlässigt werden.

---

[10] Eine Umstellung in der Anlagentechnik erfolgt in Kapitel 2.4
[11] Mit λ = 0,035 W/mK
[12] Vgl. Hegger, 2005, S.101. und Fachagentur Nachwachsende Rohstoffe, 2014, S.23.

Nach der Erweiterung der Bauteilaufbauten der Kellerdecke und -innenwand im BKI-Planer zeigen sich die U-Werte beider Bauteile deutlich verbessert.

BAUTEILAUF-BAU	U -Wert [W/m²K]		Transmissionswärmeverluste [kWh/a]	
	Ursprünglich	Gedämmt	Ursprünglich	Gedämmt
Kellerdecke	1,83 →	0,36	3013 →	593
Kellerinnenwand	0,48 →	0,23	332 →	159

Tabelle 9 - Bauteilwerte Variante 1

Der Wärmeübergangskoeffizient und die Transmissionswärmeverluste der Kellerdecke zeigen sich um 78% verringert und die der Kellerinnenwand um 46% gegenüber dem ursprünglichen Zustand. Die Auswirkung auf die EnEV-Kriterien sind in der nachfolgenden Tabelle zu sehen.

EnEV-Kriterium	Ursprünglich	Gedämmt (V1)	Grenzwert (EnEV+40%)
H_t' [W/m²K]	0,599	0,490	0,910
Primärenergiebedarf [kWh/m²a]	84,9	75,7	71,5
Primärenergiebedarf [kWh/a]	21.021	18.734	-

Tabelle 10 - EnEV-Kriterien Variante 1   Grenzwert *nicht erfüllt - erfüllt*

Zu erkennen ist, dass sich die Gebäudewerte deutlich verbessern. Der EnEV-Grenzwert für den Primärenergiebedarf wird jedoch auch nach der Sanierungsmaßnahme nicht erfüllt.

2.2.3.1.2 Wirtschaftlichkeit

Bevor es zur eigentlichen Berechnung kommen kann, müssen zuerst Kosten und Einsparnisse quantifiziert werden. Da die Kellerinnendämmung noch in diesem Jahr in Eigenarbeit erfolgen soll, handelt es sich bei der nebenstehenden Kostenaufstellung hauptsächlich um Baumaterialposten. Die benötigten Mengen an Holzfaserdämmplatten, Leichtmörtel, Armierungsschicht und Wandfarbe wurden ausgehend von der zu dämmenden Fläche berechnet. Diese setzt sich zusammen aus der Kellerdecke mit 30,58 m² und der Kellerinnenwand mit 16,69 m². Um eventuellen Verschnitt kompensieren zu können, wurde mit einer Fläche von insgesamt 50 m² geplant.

BAUSTOFF	Benötigte Menge	Spezifische Kosten	Kosten
Holzfaserdämmplatte 035 (80mm)	50 m²	15 €/m²	750€
Leichtmörtel	280 l	1,14 €/l	320€
Armierungsschicht	50 m²	1,60 €/m²	80 €
Wandfarbe	50 m²	1 €/m²	50 €
Gesamtkosten			1200 €[13]

Tabelle 11 - Kostenaufstellung Kellerinnendämmung

Die Einsparungen in dieser Betrachtung beziehen sich auf den verringerten Energiebedarf, der durch die Dämmung erreicht wird. Für die Heizenergie berechnet der BKI-Energieplaner eine jährliche Einsparung von 2041 kWh gegenüber dem Ist-Zustand und für die elektrische Hilfsenergie ist eine Reduzierung um 23 kWh zu verzeichnen. Durch die Multiplikation mit dem in Kapitel 2.2.2 eingeführten Korrekturfaktors k von 0,78 können die realen Einsparungen angenähert werden und werden in der folgenden Berechnung mit 1592 kWh/a für die Heizenergie- und 17,94 kWh/a für die Hilfsenergieeinsparung angenommen. Drüber hinaus werden die spezifischen Kosten der jeweiligen Energieträger benötigt. Diese wurden auf Grundlage der letzten fünf Jahre für das Gebäude berechnet und belaufen sich bei der thermischen Kilowattstunde auf durchschnittlich 6,53 Cent und bei der elektrischen Kilowattstunde auf 30,8 Cent.

---

[13] Auf die Berücksichtigung des 20% Investitionszuschusses der KfW (430) für Einzelmaßnahmen wurde verzichtet, da dieser erst ab einem Minimalbetrag von 300 € ausgezahlt wird.

Die eigentliche Wirtschaftlichkeitsberechnung wird nach der VDI Norm 2067 durchgeführt. Grundlegende Werte für diese Art der Wirtschaftlichkeitsbetrachtung zeigt Tabelle 12. Im Fall der Dämmung vereinfacht sich die gesamte Wirtschaftlichkeitsbetrachtung weitestgehend. Für den aktuellen Zustand müssen lediglich die bedarfsgebundenen Kosten berechnet werden. Alle kapital- und betriebsgebundenen Kosten bestehen auch weiterhin im Szenario der Kellerinnendämmung und würden sich deshalb in einem Vergleich der beiden Varianten aufheben. Für die Berechnung der Annuität der Dämmvariante werden einerseits Kosten für die Investition in die Dämmung angesetzt, da diese einen Unterschied zum Ist-Zustand darstellen. Darüber hinaus werden natürlich auch die bedarfsgebundenen Kosten ermittelt. Diese liegen durch den geringeren Heizenergiebedarf unter denen der ungedämmten Variante.

	Betrachtungszeitraum T [a]	20
	Zinsfaktor q [%]	2^{14}
	Preisänderungsfaktor r [%]	3

Tabelle 12 - Grundwerte zur Annuitätenberechnung

	Kosten [€]		
Variante	Kapitalgebundene	Bedarfsgebundene	Gesamtannuität
Ist- Zustand	0	1.408,62	**1.408,62**
Kellerinnendämmung	73,39	1.264,27	**1.337,66**

Tabelle 13 - Annuitäten Variante 1

Über den Betrachtungszeitraum führt die um 70,96 € geringere jährliche Annuität der Dämmvariante zu einer Gesamteinsparung von 1419,20 €. Die Maßnahme ist damit nicht nur aus gebäudetechnischer Sicht sinnvoll, sondern auch ökonomisch vorteilhaft.

2.2.3.1.3 Energetische Amortisation

Gibt man als Hauptgrund für die energetische Sanierung die Einsparung von Primärenergie an, so kommt diesem Kapitel eine essenzielle Rolle zu. Die folgende Berechnung trägt der Sorge Rechnung, dass für die Fabrikation der Dämmung mehr Primärenergie aufgewendet werden muss als nachträglich durch die Dämmmaßnahme eingespart werden kann. Für die Herstellung der Holzfaserdämmpatten wird ein spezifischer Primärenergiebedarf von 600-785 kWh/m³ [15] angesetzt.

$$Verbautes\,Volumen = Dämmfläche \times Dämmdicke = 50\,m^2 \times 80\,mm = 4\,m^3$$

$$Primärenergie = 4\,m^3 \times 785\,\frac{kWh}{m^3} = 3140\,kWh$$

Wie in Tabelle 10 bereits gezeigt wurde, führt der Einsatz der Platten zu einer simulierten jährlichen Primärenergieeinsparung von 2287 kWh. Durch den Korrekturfaktor von 0,78 lässt sich dieser Wert in die tatsächlich erwartbare Einsparung von 1783,86 kWh überführen. Vergleicht man diese Zahl nun mit den zuvor ermittelten 3140 kWh so ist zu erkennen, dass eine energetische Amortisation der Dämmplatten in diesem speziellen Anwendungsfall bereits nach zwei Jahren stattgefunden hat.

2.2.3.2 Variante 2: Fassadendämmung

2.2.3.2.1 Maßnahmenanalyse

Als weitere, nächst schwierigere Dämmmaßnahme bietet sich die Fassadendämmung an. Ähnlich wie im Schritt zuvor sollen auch hier Holzfaserdämmplatten mit einer Wärmeleitfähigkeit von 0,035 W/mK und einer Dicke von 150 mm zum Einsatz kommen und an der Süd- und Nordfassade des Gebäudes angebracht werden. Die folgenden Tabellen zeigen die Auswirkungen dieser Sanierungsmaßnahme. Zu beachten ist, dass auch diese Maßnahme auf der Datengrundlage des Ist-Zustandes berechnet wird und keine Kombination mit der ersten Maßnahme erfolgt. Wie aus Tabelle 14 hervor geht ist auch hier eine deutliche Verbesserung der

---

[14] Gewählt als gewünschte Verzinsung bei Eigenkapitaleinsatz
[15] Vgl. Fachagentur Nachwachsende Rohstoffe, 2008, S.9.

bauteilbezogenen Kenngrößen zu erkennen. Aus Tabelle 15 ist allerdings auch ersichtlich, dass die Sanierung in dieser Variante eine weniger starke Auswirkung auf das Gesamtgebäude hat.

BAUTEILAUFBAU	U -Wert [W/m²K]		Transmissionswärmeverluste [kWh/a]	
	Ursprünglich	Gedämmt	Ursprünglich	Gedämmt
Außenwand	0,43 →	**0,15**	2037 →	**710**

Tabelle 14 - Bauteilwerte Variante 2

EnEV-Kriterium	Ursprünglich	Gedämmt (V2)	Grenzwert (EnEV+40%)
H_t' [W/m²K]	0,599	0,543	0,910
Primärenergiebedarf [kWh/m²a]	84,9	80,2	71,5
Primärenergiebedarf [kWh/a]	21.021	19.849	-

Tabelle 15 - EnEV-Kriterien Variante 2   Grenzwert *nicht erfüllt - erfüllt*

Als allgemeine Anmerkung bleibt noch zu sagen, dass der Gebäudeeigentümer aufgrund des relativ neuen Fassadenanstrichs einen Umbau nach *Variante 2* frühestens in fünf Jahren erwägt.

2.2.3.2.2 Wirtschaftlichkeit

Ähnlich wie in der Variante zuvor werden auch hier zuerst die Kosten der Baumaßnahme analysiert. Tabelle 16 zeigt eine Kostenabschätzung dazu. Die eingetragene zu dämmende Fläche berechnet sich aus den im BKI-Energieplaner eingegebenen Bauteilflächen der Süd- und Nordfassade.

KENNGRÖßE	QUELLEN		
	1[16]	2[17]	3[18]
Kosten für Fassadendämmung [€/m²]	75 – 200	120 – 150	90 – 150
Kosten-Ø [€/m²]			130,83
Zu dämmende Fläche [m²]			57,19
Gesamtkosten [€]			**7482,17**[19]

Tabelle 16 - Kostenschätzung Fassadendämmung

Die restliche Wirtschaftlichkeitsbetrachtung erfolgt nach dem gleichen Prinzip wie bei der Kellerdämmung. Lediglich die energetischen Einsparungen gegenüber dem Ist-Zustand müssen angepasst werden. Dem Planungsprogramm kann in dieser Hinsicht entnommen werden, dass sich durch die Dämmung in Variante 2 die Heizenergiemenge um 1045 kWh/a und die elektrische Hilfsenergie um 12 KWh/a reduziert. Multipliziert mit dem Korrekturfaktor von 0,78 ergeben sich dadurch jeweils Einsparungen von 815,1 kWh_{th}/a und 9,36 KWh_{el}/a. Tabelle 17 zeigt die errechneten Annuitäten, die sich aus dieser Konstellation ergeben.

Variante	Kosten [€]		
	Kapitalgebundene	Bedarfsgebundene	Gesamtannuität
Ist- Zustand	0	1.408,62	**1.408,62**
Fassadendämmung	366,21	1.334,69	**1.700,90**

Tabelle 17 - Annuitäten Variante 2

Über den Betrachtungszeitraum führt die höhere jährliche Annuität der Dämmvariante zu Mehrausgaben von 5845,6 €. **Die Maßnahme ist damit nicht nur aus gebäudetechnischer Sicht** weniger sinnvoll als die erste Dämmvariante, sondern auch aus ökonomischer Sicht kritisch zu betrachten.

---

[16] Vgl. marketeam creativ GmbH, 2018.
[17] Vgl. Anodi GmbH, 2020.
[18] Vgl. RENEWA FmbH, 2020.
[19] Zur Ermittlung der kapitalgebundenen Kosten wurde ein Investitionszuschuss von 20 % durch die KfW (430) berücksichtigt.

2.2.3.2.3 Energetische Amortisation

Auch die Rechnung zur energetischen Amortisation kann unter Verweis auf das Kapitel zu Variante 1 abgekürzt dargestellt werden. Die für die Außendämmung verwendeten Dämmplatten unterscheiden sich nur in ihrer Dicke zu denen, die zur Kellersanierung genutzt wurden, und bestehen ansonsten aus dem gleichen Material. Darüber hinaus soll die Dämmfläche gerundet mit 60 m² angenommen werden.

$$Verbautes\ Volumen = Dämmfläche\ \times Dämmdicke = 60\ m^2 \times 150\ mm = 9\ m^3$$

$$Primärenergie = 9\ m^3\ \times 785\ \frac{kWh}{m^3} = 7065\ kWh$$

Legt man die durch die Dämmung erreichte Primärenergieeinsparung von 1172 kWh/a aus Tabelle 15 zu Grunde und überführt diese durch den Korrekturfaktor von 0,78 in eine realistische Einsparung von 914,16 kWh, so zeigt sich, dass die Verwendung der Dämmplatten nach etwas weniger als acht Jahren als energetisch amortisiert gilt. Dieser Wert ist zwar zum wiederholten Mal schlechter als der der Kellerinnendämmung, darf aber in Bezug auf die erwartbare Nutzungsdauer der Holzfaserdämmplatten, als positiv angesehen werden.

2.2.3.4 Variante 3: Komplettdämmung

Tabelle 18 zeigt nun die Werte aus der BKI-Berechnung für eine Kombination beider Varianten. Zu erkennen ist, dass durch das Dämmen der Fassade und des Kellers das Einhalten der EnEV-Grenzwerte für die Sanierung von Bestandsgebäuden möglich ist. Dieses Ergebnis hält somit gewissermaßen das Erreichen des ersten Ziels einer schrittweisen Sanierung fest.

EnEV-Kriterium	Ursprünglich	Gedämmt (V3)	Grenzwert (EnEV 2014)
$H_t{'}$ [W/m²K]	0,599	0,434	0,910
Primärenergiebedarf [kWh/m²a]	84,9	71,0	71,5
Primärenergiebedarf [kWh/a]	21.021	17.572	-

Tabelle 18 - EnEV-Kriterien Variante 3   *Grenzwert nicht erfüllt - erfüllt*

Als weiteres Zwischenfazit lässt sich zu diesem Zeitpunkt festhalten, dass eine zusätzliche Dämmung oder ein Austausch von Fenstern nur noch immer weiter sinkendes Potenzial zur energetischen Optimierung des Gebäudes bietet. Aus Berechnungssicht liegt dieses beispielsweise noch in der detaillierteren Analyse der Wärmebrücken, welche aktuell mit einem Wert von 0,1 W/m²K angesetzt sind. Bei Betrachtung aller Grenzwerte fällt aber auch diese Tatsache weniger ins Gewicht, da die Einhaltung des zulässigen Wärmeübergangskoeffizienten deutlich leichter erreicht wird als die des zulässigen Primärenergiebedarfs. Umbaumaßnahmen bezüglich dieses Aspekts sollen genauer in Kapitel 2.4 beleuchtet werden.

Dort ist das Szenario „Komplettdämmung" den Stammdaten hinsichtlich der Wärmebilanz gegenübergestellt. Wie zu erwarten liegen im sanierten Fall Transmissionswärmeverlust und Heizwärmebedarf deutlich unter denen des Ist-Zustandes. Darüber hinaus ist auffällig, dass nach erfolgter Dämmung, die Lüftungswärmeverluste einen größeren Anteil einnehmen als die Verluste durch Transmission. Die Optimierung dieses Postens wäre allerdings nur durch den Einbau einer Lüftungsanlage möglich.

2.4 Variante 4: Sanierung zu KfW-Effizienzhaus

Nachdem die Gebäudehülle durch Dämmmaßnahmen weitestgehend optimiert wurde, soll nun die Anlagentechnik des Gebäudes überarbeitet werden. Anschließend soll überprüft werden, ob damit ein höherer Effizienzstandard wie beispielsweise das KfW-Effizienzhaus 100 erreicht werden kann. Als Datengrundlage für die weiteren Berechnungen dient ab diesem Zeitpunkt Variante 3 – Komplettdämmung und nicht mehr die Stammdaten. Dieser Schritt ist insofern sinnvoll, weil er der Logik folgt zuerst die Gebäudehülle zu optimieren, also den Energiebedarf des Gebäudes zu minimieren und danach die hausinterne Anlagentechnik anzupassen.

Für den Nachweis eines KfW-Standards muss dafür die Berechnungsmethode im BKI-Energieplaner angepasst werden Zeitgleich können sogenannte „Sondernachweise" unter dem Reiter Grundlagen angelegt werden, die dann eine programminterne Überprüfung der Einhaltung von KfW-Effizienzhaus-Werten ermöglichen. Tabelle 19 zeigt welche gebäudeenergietechnischen Standards als Sondernachweise angelegt wurden.

Effizienzstandard	Primärenergiebedarf [%] (max. Anteil an EnEV-Grenzwert)	H_t' [%] (max. Anteil an EnEV-Grenzwert)
KfW - 115	115	130
KfW - 100	100	115

Tabelle 19 - KfW-Effizienzstandards

2.4.1 Luftwärmepumpe und Komplettdämmung

Auf die Vorbereitungen zur Simulation folgt nun die erneute Variantenbildung mit Austausch der Anlagentechnik. Statt dem zuvor verwendeten Gas-Brennwertkessel soll dort nun eine elektrische Luft-Wasser-Wärmepumpe zum Einsatz kommen. Diese Umstellung ist, auch wenn die zuvor eingesetzte Erzeugung einen hohen Wirkungsgrad hatte, äußerst sinnvoll, weil sich durch die Nutzung der Umgebungswärme der Primärenergiebedarf des Gebäudes deutlich reduziert. Durchschnittliche Wärmepumpen erreichen eine Jahresarbeitszahl von 3[21]. Das bedeutet, dass durch den Einsatz einer elektrischen Kilowattstunde drei Kilowattstunden thermischer Energie nutzbar gemacht werden. Soll die Umstellung der Anlagentechnik vom Förderprogramm der BAFA eingeschlossen sein, ist sogar eine Jahresarbeitszahl von 3,5 gefordert. Bei der tatsächlichen Anschaffung dieser Technik sollte also darauf geachtet werden. Als große Hürde sollte dieser Wert jedoch nicht gesehen werden, denn „[s]ehr gute Luft-Wasser-Wärmepumpen [...] können Jahresarbeitszahlen von 3,5 erreichen."[22]

Tabelle 20 zeigt wie sich die Gebäudewerte durch die Technikumstellung verändern.

KfW-Kriterium	Ursprünglich	Saniert (V4)	Grenzwert KfW 100	KfW 115
H_t' [W/m²K]	0,599	**0,434**	0,438	0,495
Primärenergiebedarf [kWh/m²a]	83,7	**35,6**	50,1	57,6
Primärenergiebedarf [kWh/a]	20.703	**8.817**	-	-

Tabelle 20 - KfW-Kriterien Variante   *Grenzwert nicht erfüllt - erfüllt*

Es ist zu erkennen, dass die Variante 4 nicht nur den KfW-Effizienzstandard 115 erfüllt, sondern auch den des KfW-Effizienzhauses 100, wenngleich nur knapp. Betrachtet man die Ergebnisse genauer so zeigt sich, dass der geforderten Primärenergiebedarfs durch die Umbaumaßnahmen problemlos eingehalten wird und um 38,1 % bzw. 28,8 % unterschritten wird.

---

[21] Vgl. Quaschning, 2019, S.56.
[22] von Böckh, 2018, S.230.

Der anspruchsvolle Grenzwert für H_t' bei KfW 100 wird hingegen nur knapp mit einer Unterschreitung von 0,9 % eingehalten. Zum Erreichen des nächst strengeren Standards, dem KfW-Effizienzhaus 85, müssten also weitere Dämmmaßnahmen oder eine detaillierte Analyse der Wärmebrücken erfolgen. Alles in allem ist es jedoch erfreulich festzustellen, dass das Gebäude aus dem Baujahr 2001 durch die beschriebenen Sanierungs- und Umbaumaßnahmen den Standard eines KfW-Effizienzhauses 100 erreichen kann.

2.4.2 Wirtschaftlichkeitsbetrachtung

Wie bereits zuvor erläutert, handelt es sich bei der Jahresarbeitszahl (JAZ) einer Wärmepumpe um eine der Hauptkenngrößen dieser Technik. Im vorrangegangenen Kapitel war diese ausschlaggebend für die Höhe der Primärenergieeinsparung am Gebäude. Aber auch in Sachen Wirtschaftlichkeit spielt diese Größe eine zentrale Rolle. Ist die Jahresarbeitszahl zu gering, sinkt zwar der Energiebedarf, die höheren spezifischen Energiekosten durch den Bezug von Strom ($\sim$ 30 ct/kWh$_{el}$)[24] anstatt Gas ($\sim$ 6,5 ct/kWh$_{th}$) können jedoch nicht kompensiert werden. Die JAZ einer Wärmepumpe ist neben den genauen Gerätespezifikationen bestimmt durch das Temperaturniveau der Wärmequelle – Sole, Wasser oder Luft - und der Wärmeabgabe. Je näher beides zusammen liegt, desto effizienter kann die Wärmebereitstellung erfolgen. Für das jetzige Kapitel bleibt vor allem die Erkenntnis, dass „Wärmepumpen [...] also nur wirtschaftlich betrieben werden [können], wenn eine möglichst niedrige Heizungstemperatur vorliegt.“[25] Dies ist im betrachteten Gebäude durch die eingesetzte Fußbodenheizung gewährleistet.

Um eine Vergleichbarkeit zu den anderen Maßnahmen zu haben, wird die Wirtschaftlichkeitsrechnung nach VDI 2067 wieder als Vergleich der Einzelmaßnahme, gewissermaßen Variante 5, mit den Stammdaten durchgeführt und nicht als Vergleich der Maßnahmenkombination.

2.4.2.1 Kapitalgebundene Kosten

Im Folgenden soll differenziert auf die kapitalgebundenen Kosten beider Varianten eingegangen werden. Bei der Wärmepumpe handelt es sich bei den Anfangsinvestitionen um einen durchschnittlich zu erwartenden Anschaffungspreis. Der folgende Barwert der Ersatzinvestition bezieht sich auf die Anschaffung eines Ersatzgerätes. Diese fällt an, da der Betrachtungszeitraum mit 20 Jahren angesetzt ist und bei der Wärmepumpe von einer Nutzungsdauer von 18 Jahren ausgegangen wird. Der Restwert des neuen Geräts am Ende des Betrachtungszeitraums wird in der nächsten Spalte berücksichtigt und so ergibt sich eine Annuität der kapitalgebundenen Kosten von 667,13 €[26]. Für den Ist-Zustand zeigt sich ein anderes Bild. Der Gas-Brennwertkessel, der in diesem Szenario verbaut ist, ist bereits angeschafft und hat deshalb zu Beginn des Betrachtungszeitraums keine Anfangsinvestitionen. Da der Gaskessel im Jahr 2011 verbaut wurde, steht allerdings eine Ersatzinvestition im Betrachtungszeitraum an. Geht man wie bei der Wärmepumpe von einer Nutzungsdauer von 18 Jahren aus, so wird die Ersatzinvestition im Jahr 2029 fällig, also im neunten Jahr des Betrachtungszeitraum. Der Barwert der Ersatzinvestition berechnet sich dabei folgendermaßen:

$A1$	Barwert der Ersatzinvestition im Jahr 2029
$A0$	Anfangsinvestition im Jahr 2011
N	Nutzungsdauer
r	Preisänderungsfaktor
q	Zinsfaktor
Rw	Barwert des Restwerts im Jahr 2040
rT	Restlicher Betrachtungszeitraum im Jahr 2029
rN	Restliche Nutzungszeit im Jahr 2029

$$A1 = A0 \times \frac{r^N}{q^N}{}^{27} = 7.378\ € \times \frac{1,03^{18}}{1,02^{18}} = 8.794,39\ €$$

Tabelle 21 - Liste der Formelzeichen

---

[24] Quaschning, 2019, S.432.
[25] Watter, 2015, S. 154.
[26] Siehe Tabelle 22.
[27] Die Werte für den Zinsfaktor q und den Preisänderungsfaktor werden weiterhin mit 1,02 und 1,03 angenommen, auch wenn die Anfangsinvestition vor dem Betrachtungszeitraum liegt.

Der aus dem Barwert der Ersatzinvestition abgeleitete Restwert der Anlage am Ende des Betrachtungszeitraums berechnet sich entsprechend durch:

$$Rw = A1 \times \frac{N - rT}{N} \times \frac{1}{q^{rT}} = A1 \times \frac{rN}{N} \times \frac{1}{q^{rT}} = 8.749{,}39 \, € \times \frac{7}{18} \times \frac{1}{1{,}02^{11}} = 6.036{,}29 \, €$$

Die gesammelten Ergebnisse sind in Tabelle 22 dargestellt.

Variante	Anfangsinvestition [€]	Barwert der Ersatzinvestition [€]	Barwert des Restwerts [€]	Summe der Barwerte [€]	Annuität [€]
Ist-Zustand	0	8.794,39	2.758,10	6.036,29	369,16
Nur Wärmepumpe	9.295,00	11.079,40	9.465,93	10.908,47	667,13

Tabelle 22 - Aufführung der kapitalgebundenen Kosten Variante 5

2.4.2.2 Bedarfsgebundene Kosten und Einbindung der Photovoltaikanlage

Die bedarfsgebundenen Kosten sind in beiden Szenarien vom Energiebedarf und den Kosten des Energieträgers abhängig. Die Energiebedarfe sind im Fall des Ist-Zustands bekannt oder können über die Simulationsergebnisse abgeleitet werden. Auch die spezifischen Kosten für jede kWh_{th} aus Gas wurden aus den Verbrauchsabrechnungen des Gebäudes berechnet und werden mit 6,53 ct/kWh_{th} angesetzt.

Bei der Berechnung der spezifischen Stromkosten waren die nötigen Berechnungen umfangreicher. Das liegt an der Photovoltaikanlage, die 2007 auf dem Dach des Hauses installiert wurde. Sobald 2027 die EEG-Förderung der Anlage endet, wird hier auf Eigenstromverbrauch umgestellt und die mittleren Stromkosten des Haushaltes ändern sich, je nach Eigenverbrauchsanteil und Netzbezug. Da diese Umstellung im wirtschaftlichen Betrachtungszeitraum liegt und die Wärmepumpe ausschließlich durch Strom betrieben wird, sollte dieser Aspekt auch in den Berechnungen berücksichtigt werden. Zu diesem Zweck wurde die Anlage im Simulationsprogramm *PVSol premium 2020* nachgebildet und in verschiedenen Varianten betrieben. Das Photovoltaiksystem hat eine Leistung von 5,67 kWp und liefert damit einen jährlichen Ertrag von ungefähr 5.000 kWh. Der spezifische Ertrag von 880 kWh/kWp fällt durch Verschattung vergleichsweise gering aus. Tabelle 23 zeigt die gesammelten Ergebnisse der Simulationen.

Variante	Bedarf [kWh]	Eigenverbrauch [% / kWh]	Einspeisung [kWh]	Batterie ein-/ausgespeichert/ η [kWh / kWh / %]	Netzbezug [kWh]
Ist-Zustand	4.650	**34,5** / 1.728	3.289	- / - / -	2.922
Ist-Zustand und 5,5 kWh-Speicher	4.650	**63,6** / 3192	1.825	1.476 / 1.164 / 78,9	1.770
Mit WP	8.696	**50,3** / 2.523	2.494	- / - / -	6.173
WP und 2,8 kWh-Speicher	8.696	**64,4** / 3.233	1.784	713 / 569 / 79,8	5.607
WP und 5,5 kWh-Speicher	8.696	**73,7** / 3.696	1.321	1.184 / 964 / 81,4	5.220
WP und 8,0 kWh-Speicher	8.696	**78,6** / 3.943	1.074	1.435 / 1.170 / 81,5	5.018

Tabelle 23 - Simulationsergebnisse PVSol premium 2020

Im Ist-Zustand wird der Strom lediglich für den normalen Haushaltstrom verwendet. Das Stromlastprofil wurde im Programm durch die Kombination des BDEW-Lastprofils für Haushalte (H0) und dem programmeigenen Profil eines Haushalts mit hohem Nachtanteil erzeugt, um die Eigenverbrauchsquoten möglichst realistisch darstellen zu können. Für die Fälle, in denen die Erzeugungsleistung über der des Verbrauchs liegt, wird der Überschussstrom ins Netz eingespeist. Zu den Zeiten, in denen die Anlagenleistung unter der im Haushalt benötigten Leistung liegt, wird Strom aus dem Netz bezogen. Insgesamt führt das in diesem Szenario zu einem Eigenverbrauchsanteil von 34,5 %.

In den folgenden Varianten wird das Verbrauchsprofil um die Wärmepumpe ergänzt. Bereits der größere Strombedarf führt dazu, dass sich der Eigenverbrauchsanteil des PV-Stroms auf 50,3 % erhöht. Um diesen Prozentsatz weiter zu steigern, wurden Batteriespeicher verschiedener Größen mit in die Simulation einbezogen. Den Abschluss bildet ein 8 kWh-Speicher. Durch seine nutzbare Speichergröße von 7,1 kWh ist er groß genug, um den errechneten mittleren Verbrauch in der Nacht von 7 kWh zu decken. Eine Erweiterung der Speicherkapazität über diese Grenze hinaus ist natürlich weiterhin möglich, jedoch durch abnehmende Auswirkung auf das Gesamtsystem gekennzeichnet.

Solche elektrochemischen Speicher „bewegen sich im Vergleich zu anderen Speichern mit [...] etwa 230 und 950 €/kWh im Mittelfeld hinsichtlich der Investitionskosten".[28] Da die Anschaffung dieses Speichers allerdings erst in ein paar Jahren stattfindet, lohnt sich ein Blick in die Zukunft, denn „aktuelle Studien [gehen] davon aus, dass die Zellpreise für Lithium-Ionen-Batterien in den kommenden fünf Jahren unter 200€/kWh fallen werden."[29] Mit den fallenden Zellkosten werden sich auch die Gesamtkosten des Batteriesystems reduzieren. Die folgenden Formeln ermöglichen es unter Einbeziehung der Speicherkosten, der Zyklenzahl des Speichers und eines Gesamtwirkungsgrad des Systems den finanziellen Aufwand für eine gespeicherte elektrische Kilowattstunde abzuschätzen. Bei Wirkungsgrad, Entladetiefe und erwartbarer Zyklenzahl handelt es sich um angenommene durchschnittliche Werte[30].

$$Speicherbare\ Energiemenge = Speicherkapazität \times Wirkungsgrad \times Entladetiefe \times Zyklenzahl$$
$$= 1\ kWh \times 0{,}85 \times 0{,}9 \times 6000 = \mathbf{4590\ kWh}$$

Diese erste Formel zeigt die Energiemenge, die über die komplette Lebenszeit eines beispielhaft gewählten, eine Kilowattstunde großen Akkumulators gespeichert werden kann. Teilt man nun die Anschaffungskosten eines ebenso großen Speichers durch die über die Lebenszeit ausgespeicherte Energiemenge so erhält man die Kosten für eine gespeicherte kWh Strom.

$$Kosten\ pro\ kWh = \frac{350\ \text{€}}{4590\ kWh} = 0{,}076\ \frac{\text{€}}{kWh}$$

Für direkt im Haushalt verwendeten Strom aus der Photovoltaikanlage wird für die Berechnung ein Preis von 3 ct/kWh veranschlagt. Dies entspricht dem zu erwartenden Erlös, der nach dem Auslaufen der EEG-Vergütung bei einer Einspeisung ins Netz erzielt werden könnte. Für eine zwischengespeicherte Kilowattstunde ergibt sich dadurch ein Gesamtpreis von 10,6 ct/kWh. Führt man diese Erkenntnisse zusammen so lassen sich die Stromkosten ab 2028 durch folgende Formel berechnen:

$$Stromkosten = \frac{(Netzbezug \times 30{,}8\ \frac{ct}{kWh}) + (Direktverbrauch \times 3\ \frac{ct}{kWh}) + (Deckung\ durch\ Batterie \times 10{,}6\ \frac{ct}{kWh})}{Gesamtstromverbauch}$$

Tabelle 24 zeigt welches Kostenprofil sich daraus entwickelt. Für die Berechnung nach VDI 2067 wurden die gewichteten Stromkosten des Betrachtungszeitraums für die Szenarien mit 5,5 kWh-Speichern verwendet.

Varianten	Stromkosten bis einschließlich 2027	Stromkosten ab 2028	Gewichtete Stromkosten im Betrachtungszeitraum
Ist-Zustand	30,8	20,46	23,82
Ist-Zustand und 5,5 kWh-Speicher	30,8	15,48	20,46
Mit WP	30,8	22,73	25,35
Mit WP und 2,8 kWh-Speicher	30,8	21,42	24,47
Mit WP und 5,5 kWh-Speicher	30,8	20,53	23,87
Mit WP und 8,0 kWh-Speicher	30,8	20,06	23,55

Tabelle 24 - Stromkostenprofil nach Szenario (Angaben in ct/kWh)

---

[28] Sterner, 2017, S.659.
[29] Sterner, 2017, S.664.
[30] Vgl. Quaschning, 2019, S. 242.

Nach reichlich Vorarbeit zeigt die Darstellung unten nun die Annuitäten der bedarfsgebundenen Kosten. Beim Betrieb der Wärmepumpe fallen im Vergleich zum Gaskessel jährliche **Mehrkosten von 27,26 € an**. Bei der Analyse dieser Ergebnisse sollte jedoch beachtet werden, dass auch wenn im Vorfeld möglichst viele valide Annahmen getroffen wurden, um eine Betrachtung über 20 Jahre in die Zukunft zu ermöglichen, in Realität immer auch Abweichungen auftreten können. Besonders bei der Einschätzung der spezifischen Kosten der Energieträger und im Speziellen der Kosten von Gas scheint Vorsicht geboten zu sein.

Variante	Energieart	Energiemenge [kWh]	Spez. Energiekosten [ct/kWh]	Kosten [€]	Gesamtannuität [€]
Ist-Zustand	Elektr. Hilfsenergie	466	20,64	96,27	1.345,67
	Heizenergiebedarf	14.160	6,53	924,96	
Wärmepumpe	Elektr. Hilfsenergie	319	23,87	76,15	1.372,93
	Elektr. Energie WP	4.046[31]	23,87	965,78	

Tabelle 25 - Aufführung der bedarfsgebundene Kosten Variante 5

2.4.2.3 Gesamtannuität

Neben Kapital und bedarfsgebundenen Kosten fallen bei beiden Systemen natürlich auch betriebsgebunden Kosten für Wartung und Bedienung an. Eine Abschätzung wäre durch Faustformeln und durchschnittlichen Wartungskosten möglich, scheint aber im Vergleich zu den zuvor sehr detaillierten Betrachtungen eher spekulativ. Im Folgenden werden die betriebsgebundenen Kosten in beiden Szenarien als annähernd identisch angenommen und deshalb nicht weiter betrachtet. Dadurch findet zumindest keine unabsichtliche Verfälschung der Ergebnisse statt und eine spätere Einbindung dieser Kosten bleibt weiterhin möglich. Die Annuitäten, die sich aus allen berücksichtigten Kosten ergeben, sind Tabelle 26 zu entnehmen.

| Variante | Kosten [€] | | |
	Kapitalgebundene	Bedarfsgebundene	Gesamtannuität
Ist- Zustand	369,16	1.345,67	**1714,83**
Nur Wärmepumpe	667,13	1.372,93	**2040,06**

Tabelle 26 - Aufführung der Gesamtannuitäten Variante 5

Im Szenario mit Wärmepumpe fallen **jährliche Mehrkosten von 325,23 € an**. Über den Betrachtungszeitraum von 20 Jahren fallen damit Mehrkosten in Höhe von 6504,60 € an. Diese entstehen hauptsächlich durch die nötige Anfangsinvestition in die Wärmepumpe. Im Betrieb scheinen die beiden Systeme gleichauf zu sein. Abschließend lässt sich sagen, dass die Maßnahme zumindest aus rein wirtschaftlicher Sicht als fraglich eingestuft werden muss.

2.5 Individueller Sanierungsfahrplan

Die nachfolgende Grafik zeigt den individuellen Sanierungsfahrplan, der für das Gebäude ausgearbeitet wurde. Beginnend mit der selbständig durchgeführten Kellerinnendämmung über den Einbau einer Luft-Wasser-Wärmepumpe bis spätestens Ende 2021 bis hin zur Fassadendämmung, die mit dem nächsten Streichen der Außenwände erfolgen soll, wird der Ist-Zustand des Gebäudes soweit verbessert, dass am Ende der Standard eines KFW-Effizienzhauses 100 erreicht wird. Der erste Schritt soll dabei ohne Förderung erfolgen. Maßnahme 2 soll unter der Inanspruchnahme der aktuellen BAFA-Förderung von 35% durchgeführt werden. Und Maßnahme 3 möglichst mit einer Förderung von 20% für die Durchführung von energetisch sinnvollen Einzelmaßnahmen. Bei den aufgeführten Investitionskosten wurden diese Zuschüsse bereits berücksichtigt.

---

[31] Abgeleitet aus Heizenergiebedarf im Ist-Zustand und einer JAZ von 3,5

3 Fazit

Abschließend lässt sich feststellen, dass das gesetzte Ziel der Analyse eines Gebäudes hinsichtlich seiner energetischen Beschaffenheit und der Ausarbeitung von Sanierungsmaßnahmen für dasselbige erfolgreich abgeschlossen werden konnten. Der vorliegende Energieberatungsbericht in Form einer Seminararbeit enthält die gesammelten Erkenntnisse, die damit in Zusammenhang stehen.

Diese beginnen bei der Beschreibung des Ist-Zustands des Hauses. Durch umfangreiche Recherche in Bauunterlagen und Aufzeichnungen, die seit Bezug des Gebäudes gesammelt wurden, konnten viele wichtige Kenngrößen ermittelt werden, die nicht nur für die Simulationsrechnung benötigt wurden, sondern auch zu einem grundlegenden Verständnis der Energiebilanz der Immobilie beitrugen.

Diese Vorarbeit konnte anschließend auch bei der Ermittlung von Optimierungspotenzialen und der Entwicklung geeigneter Umbaumaßnahmen genutzt werden. Bei vorhandener Datengrundlage vereinfachte die schnelle und unkomplizierte Simulationen die Arbeit dahingehend, dass wenig gewinnbringende Sanierungsszenarien von vornherein aussortiert werden konnten. Vielversprechendere Varianten hingegen konnten anschließend detaillierter und mit reichlich Erkenntnisgewinn bearbeitet werden. Besonders die Einbindung der Photovoltaikanlage war interessant und reizvoll. Trotz der theoretisch gegebenen Komplexität konnten für die Praxis relevante Ergebnisse erarbeitet werden. Neben den wirtschaftlichen Betrachtungen, die größtenteils ernüchternd ausfielen, bilden diese den hauptsächlichen Nutzen für die Gebäudeeigentümer in dieser Arbeit.

In ihrer Gesamtheit zeigen die Analysen durchaus Verbesserungspotenziale, die bei vollständiger Ausschöpfung ein Niedrigenergiehaus nach KfW-**Standard** „**Effizienzhaus 100**" hervorbringen. In Absprache mit dem Hauseigentümer wurde genau das als langfristiges Ziel festgesetzt.

Literaturverzeichnis

ANODI GmbH, 2020. *Fassadendämmung Kosten* [online]. Ulm: Anodi GmbH, 17.06.2020 [Zugriff am: 17.06.2020]. Verfügbar unter: https://www.sanier.de/daemmung/waermedaemmung-kosten-und-foerderung/fassadendaemmung-kosten

BUNDESMINISTERIUM FÜR WIRTSCHAFT UND ENERGIE, BUNDESMINISTERIUM FÜR UMWELT, NATURSCHUZT, BAU UND REAKTORSICHERHEIT, 2015. *Bekanntmachung der Regeln zur Datenaufnahme und Datenverwendung im Wohngebäudebestand*. Berlin, 07.04.2015

FACHAGENTUR NACHWACHSENDE ROHSTOFFE (FNR), 2008. *Dämmstoffe aus Nachwachsenden Rohstoffen*. Gülzow-Prüzen, 1.Ausgabe, 2008

FACHAGENTUR NACHWACHSENDE ROHSTOFFE (FNR), 2014. *Dämmstoffe aus Nachwachsenden Rohstoffen*. Gülzow-Prüzen, 6., überarbeitete Auflage, 2014

HEGGER, Manfred, Volker AUCH-SCHWELK, Matthias FUCHS und Thorsten ROSENKRANZ, 2005. *Baustoff Atlas*. 1.Auflage. München: Institut für internationale Architektur-Dokumentation. ISBN 978-3-764-37272-9

KURZWEIL, Peter, 2020. *Chemie: Grundlagen, technische Anwendungen, Rohstoffe, Analytik und Experimente*. 11., überarbeitete und erweiterte Auflage. Wiesbaden: Springer Vieweg. ISBN 978-3-658-27502-0

MARKETEAM CREATIV GmbH, 2018. *Was kostet die Fassadendämmung?* [online]. *Möglichkeiten und Kosten im Überblick*. Baden-Baden: marketeam creativ GmbH, 10.09.2018 [Zugriff am: 17.06.2020]. Verfügbar unter: https://www.energie-fachberater.de/daemmung/fassadendaemmung/was-kostet-die-fassadendaemmung.php

QUASCHNING, Volker, 2019. *Regenerative Energiesysteme: Technologie – Berechnung – Klimaschutz*. 10., aktualisierte und erweiterte Auflage. München: Carl Hanser Verlag. ISBN 978-3-446-46113-0

RENEWA GmbH, 2020. *Fassadendämmung* [online]. *Arten und Kosten*. Hamburg: RENEWA GmbH [Zugriff am: 17.06.2020]. Verfügbar unter: https://www.energieheld.de/daemmung/fassadendaemmung

VON BÖCKH, Peter und Matthias STRIPF, 2018. *Thermische Energiesysteme: Berechnung klassischer und regenerativer Komponenten und Anlagen*. 1.Auflage. Berlin: Springer Vieweg. ISBN 978-3-662-55334-3

WATTER, Holger, 2015. *Regenerative Energiesysteme: Grundlagen, Systemtechnik und Analysen ausgeführter Beispiele nachhaltiger Energiesysteme*. 4., überarbeitete und erweiterte Auflage. Wiesbaden: Springer Vieweg. ISBN 978-3-658-09637-3

ZUB SYSTEMS GmbH, 2019. *Berechnung des unteren Gebäudeabschlusses teilbeheizter Keller* [online]. Kassel: ZUB Systems GmbH [Zugriff am: 16.06.2020]. Verfügbar unter: https://www.zub-systems.de/de/support/faqs/zub-helena/berechnung-des-unteren-gebaeudeabschlusses-teilbeheizter-keller